黃亞保煮場

—心做好菜秘笈

黃亞保 著

萬里機構

黎耀祥

知名藝人

認識保哥是因為拍攝《愛‧回家之八時入席》，劇中有很多特色和創新的菜式都是保哥幫忙！每次見到他都是笑容滿面，烹調時游刃有餘，最窩心的是每次拍攝，他都帶些煲湯的材料，煲一大鍋湯給台前幕後的工作人員享用！

一直相信：只要用心做一件事，必定能夠做好！保哥對鑽研烹飪的用心和誠意，不容置疑！每次和他聊天，聊到烹飪，都有說不完的話題，不同的做法、不同的食材、要注意的細節、煮食的竅門，他都樂意分享。

他的烹製心得就像一本武林秘笈，讓那些和我一樣喜歡做飯的朋友期待。簡單和複雜的菜式，各式各樣，在家烹製與家人一起分享，必定樂趣無窮！

人生就是一個摸索前行、不斷經歷創新的過程。烹飪，又何嘗不是呢！由準備食材、細心處理、用心烹調，到最後享受自己努力的成果！一步一步的成長，一點一滴地累積經驗。希望大家在享受烹飪的過程中，能讓自己活出生活的意義和品味！

顏淑賢

前中華廚藝學院院長

20 年前我認識的黃亞保，出身於香港的越南難民營，是一個對廚藝充滿熱誠、認真學習，並對師長謙謙有禮的小伙子。

這些年頭，亞保憑藉堅韌不拔的精神和努力，從中華廚藝學院初級中廚師畢業生，成為學院第一位完成初級、中級以至大師級中廚師專業資歷的畢業生；他對廚藝的熱忱及專業，不容置疑。

此外，亞保待人以誠、謙遜和努力不懈的性格，更成就他成為了今天的電視名廚。看着亞保事業有所成就，當然欣慰；但最令我欣賞的是他一直飲水思源，從不吝嗇地回到學院與師弟妹分享經驗，以及參與培訓，不遺餘力地支持學院和職業訓練局。他的努力和素養不但深受同業認同，在 2017 年更獲職業訓練局頒發傑出畢業生的獎項。

曾經是中華廚藝學院的一員，我深信王偉中前總監和盧漢輝師傅必定和我一樣，非常驕傲地見證了亞保從一名青年，成長至今天成為一位四孩的爸爸，擁有幸福美滿的家庭；由一位學生，奮發向上成為知名廚師，拼出成功事業，並樂於把自己的烹飪心得出版與大家分享。希望亞保繼續努力，以他優秀的廚德、廚藝和廚政，確立新一代廚師的典範；並把中華廚藝的文化用心傳承下去！

推薦序三

林淑敏

知名藝人

黃亞保是我最欣賞的廚師，欣賞不單是保哥的廚藝，更是他待人以誠和認真鑽研的處事態度。我曾經聽他說，從越南來到香港入住白石角難民營的那段日子。當時他每天出營工作，從廚房學徒到廚房大阿哥，直到今天成為香港其中一位名廚，廣為人認識。在他口中說着這些經歷都是輕描淡寫，但旁人聽起來就知道他今天的成功得來不易。

今天保哥也是一位很成功的主持，能獨當一面撐起一個烹飪節目。我還記得當年我們一起拍《上門教煮餸》，他這位嘉賓導師由準備食材、程序及內容都是一手包辦，事事親力親為。面對害羞和緊張的家庭觀眾，沒有一絲煩躁。當年我也是初哥一名，但保哥總是耐心地包容着。

我在《流行都市》和《都市閒情》當主持的日子，最開心的時光是和保哥一起過的。每次到他煮餸的環節，一班主持大多數會留肚等着吃他的手藝，因為知道保哥出品，必屬佳品！

由當年保哥主理的「雲來軒」成為尖沙咀區的知名食府，到他今天努力地推廣陳皮，成為我們當中的陳皮專家。我相信，他的成功是在於他對食物的熱誠和堅毅的性格。沒有保哥刻苦耐勞的經歷，就沒有今天我們能看到獨當一面的著名廚師 —— 黃亞保。

保哥活出了我們刻苦耐勞、腳踏實地的香港精神！

黃兆輝

迦密唐賓南紀念中學校監

很高興能為一位非常值得我們欣賞的人物 —— 黃亞保所寫的新書《黃亞保煮場》作序。

亞保是我校 —— 屯門迦密唐賓南紀念中學的畢業生和榮譽校友。作為一位星級名廚，他有今日的成就並非易事，這與他的背景及自身努力有着密不可分的關係。年幼時，身為越南船民的亞保住在難民營，經歷了不少艱苦的日子，因此令他在學術基礎上顯得薄弱，不少學校對他抱有保留態度，但這個狀況卻幸運地成為了亞保入讀迦密唐賓南紀念中學的契機。雖然他在校內的學科成績未算突出，但在家政科找到了自己的興趣，並展現出無與倫比的天賦。在老師們的關愛、鼓勵和支持下，亞保中學畢業後，毅然決定往中華廚藝學院深造，開啟了他嶄新的人生道路，如今亞保的成就早已名揚四海。他不單是迦密唐賓南的模範生，而更重要的啟示是 —— 他以自身的成就證明在香港這片充滿機會的土地上，只要努力及堅持，不論背景、學歷都可以闖出一片天。

他其中一道菜式，我稱它為「冇得輸叉燒」，試過他手藝的我簡直回味無窮。究竟要到達一個怎樣的境界才能製作出如此誘人、令人齒頰留香的叉燒？作為一道菜固然以果腹為主，但亞保做出的佳餚又豈止這麼簡單！讀過亞保這本書後，清楚易明的教學當然為我的烹飪技能添上色彩，喜愛享受美食的我亦充分滿足得到：但更令我欣喜的是它為我帶來另一種意義。身為父親的我，透過這書學到入廚技巧後，讓我為子女製作一道道可口的餸菜，擺滿一枱共同分享，享受另一種幸福。我收穫到的是與家人一起談天說地、共享天倫之樂的滿足。

根據我的經驗，誠心建議各位讀者充分運用這書。除了翻閱食譜，不妨嘗試走入廚房親自下廚。不單好好享受學習當中的過程，更試着邀請家人、親朋戚友、同事共享一頓豐富、美味的筵席，藉此機會好好團聚，或分享生活中的喜樂。相信讀過這本書後的你將會獲益良多。

邸德龍

中環美利酒店「紅棉」行政總廚

我是黃亞保就讀中華廚藝學院的導師，認識他已經超過 20 年，他給我最深刻的印象是樂於助人、做事細心、有條不紊，而且他烹調做菜的執着及用心，令他在短短 20 年的歲月裏，令事業攀上高峰，作為導師的我感到很欣慰。

亞保在中華廚藝學院開始其入廚之路，學院教授的範圍非常全面，包括中國傳統菜、各地方菜系等等，亞保在這種氛圍下，全面吸收各菜系特色及入廚知識，並學習各項餐飲業務範疇，為未來之路打好根基。今天的亞保，將所學的烹調知識融會貫通，演繹他心目中的個人菜式，為菜餚添上繽紛色彩。

我期盼亞保繼承傳統中菜之餘，也不斷推陳出新，隨着其烹調經驗增長、視野開拓，改變過往的烹調角度及演繹風格，創作更多耀眼的菜式，將烹飪事業發揚光大，讓中菜走向國際化，獲得國際之間的認同。

祝願亞保的新書賣個滿堂紅，也希望他繼續向着奮鬥目標及方向邁進，令事業更上一層樓！

曾文堅

法國 Institute Disciples Escoffier 副導師

第一次接觸黃亞保師傅，是由煤氣公司介紹予我認識，說他報讀我們為期 9 個月的法國班專業文憑課程。在各大宣傳媒體及電視節目，相信沒有人不認識名廚保哥。

他給我的第一個印象，既親切又友善的態度，笑容經常掛於嘴邊，肥嘟嘟又可愛，還加上懷着謙卑和正面勤力、樂觀的精神！正正就是憑着他這份樂於助人、勤奮好學的態度，獲得不少同學及老師的歡心，當時我心想一位鼎鼎大名的中廚師傅，為何還學習西餐技術呢？保哥的學習態度正正就是胸襟廣闊、海量汪涵地吸收中西文化，取長補短以融合傳統中式的烹飪技術，特別運用課堂上所學的美感及法式擺設，他將技術學以致用，呈現在烹飪班及電視節目，並且發揮得淋漓盡致！

我相信這由於他自身的背景，他畢業於中華廚藝學院，踏足飲食界是由零開始，我們俗稱「紅褲仔」出身，每樣細節動作及手藝都源於不斷磨練、學習嘗試及尋根究底，不明白就發問，互相切磋，加上他本身的天分，所以很快就當上大廚！也正因為他謙卑學習的精神，勝不驕敗不傲，所以獲得今日的成就！

另外，保哥愛妻子、愛子女的好爸爸健康形象，平日不忘抽時間陪伴家人外遊散心，裏裏外外做到好榜樣，帶給子女學習及借鏡，德智體群美兼備，值得一讚！同時也給予大家欣賞的榜樣，實力與理論兼備，實至名歸！

最後，我與保哥亦師亦友，預祝他的事業更創高峰，其創意的烹飪技術為我們帶來更多美饌，與家人及至愛分享！並且恭祝他桃李滿門，毋忘初心，將烹飪技術承傳，生生不息！共勉之！

自序

「一生只做菜，一心做好菜。」是我烹飪的座右銘。

由越南難民營到留港生活，一生走來不易，會考只取得一分成績，但冥冥中上天已為你安排。從小喜歡烹飪的我，因緣際會之下踏進香港中華廚藝學院修讀課程，令我的廚藝有所提升，多年來更獲得不少烹飪前輩的提攜及協助，拓闊我的廚藝視野，在烹調上獲益良多，這是我衷心感恩的。

我曾經取笑自己，拿起書本很快就會呼呼大睡；但手執鑊鏟卻令我精神抖擻，就算在爐火旁工作數小時也不覺累，彷彿我流着的是「烹飪的血」。就是這份對下廚的熱誠，令我一直在廚藝路上奔跑，希望能繼承中菜的傳統，並延續及傳承富特色的菜系風格，創新演繹讓人眼前一亮的佳餚，為中華飲食文化出一分力。

今天，有幸出版《黃亞保煮場》一書，這不單單是一本食譜書，甚至將我的人生歷練寫進去，希望透過當中的菜式讓大家欣賞中菜的多元性，也希望能感染你多下廚做菜與家人分享，甚至透過我甜酸苦辣的人生閱歷，給大家一點點鼓勵。「世界充滿無限可能性，每人都會找到屬於自己的康莊大道。」眼下的前路或許不明朗，但只要心存信念，堅毅不休地繼續奮鬥，光明的前路總在身邊出現。

出版一本書實在不容易，首先衷心感謝介紹我認識萬里機構的李韡玲女士（Ling 姐），沒有她的推動力，出版之事只會原地踏步。在此我亦多謝今次為我出書的萬里機構整個團隊及編輯 Karen，他們全面協助我和作出很大的鼓勵，才令我的五味人生得以順利呈現在大家眼前。

另外，也非常感謝為我撰寫推薦序的各位好友，包括前中華廚藝學院院長顏淑賢女士、迦密唐賓南紀念中學校監黃兆輝教授、中環美利酒店「紅棉」行政總廚邵德龍師傅、法國 Institute Disciples Escoffier 副導師曾文堅先生、黎耀祥先生及林淑敏女士，多謝你們一直向我提出寶貴意見。此外，還要多謝拍攝時給予支持的助手 Sonia。當然，太太、子女及家人的愛護及支持，是給我最大最大的推動力，讓我無條件地勇往直前。

烹飪，讓我豐盛滿滿，我期望撒下這顆美食的種子，讓大家由衷領會烹飪的奧妙，結下豐碩的果實。

目錄

保哥的寶貝

陳皮篇

自煮人生

家常篇 · 宴客篇 · 素菜篇

家常篇

宴客篇

素菜篇

成長與奮鬥

越南菜篇・五味人生篇

黃亞保的 五味人生

你是從哪裏認識人稱「保哥」的黃亞保？《都市閒情》？《煮戰》？在 Youtube 看過他的烹飪示範？還是在《尋人記 2》發現了當年身在越南難民營手執鼓棍的他？

眾所周知，「保哥」的黃亞保是有名的大廚和成功的烹飪節目主持，可是你未必知道他一路走來經歷的甜、酸、苦、辣、鹹。從難民到大廚，他的奮鬥故事為一個個精心食譜增添無窮風味，在正式投入保哥的美食世界前，先來了解他的五味人生。

文：李欣敏

「不知道我是否從出生起，血脈就流着烹飪的血液！」保哥說。回憶童年，他說一睜開眼就看見廚房。家裏開腸粉店兼小菜館，年紀小小的他未能幫媽媽磨米漿、跟爸爸蒸腸粉，但在日復日的浸淫和觀摩下，對煮食的熱愛已經「入晒血」，8 歲時他更立志做廚師。學生時代，保哥首次參加烹飪比賽，作品名堂是「一帆風順」；現實中他的成長經歷絕非一帆風順，一切甚至是從驚濤駭浪中開始。

「苦」中有樂，變通創新

保哥是越南華僑，上世紀八十年代，他只得 7 歲時，隨家人投奔怒海，偷渡來港。旅途上，船隻觸礁破洞，乘客只好夜以繼日接力倒水，最後幸免於難，可謂「死過翻生」。但到達彼岸，迎來的不是曙光，卻是 7 年的難民營生活。保哥曾住過多個難民營，而早期入住的是禁閉營，不得自由出入，與困於監獄無異。當時別說看見甚麼前景，連三餐溫飽也是奢侈的願望。他憶述，試過要靠一罐煉奶、一包餅乾捱過 3 天。而且，營地品流複

雜，打架、搶劫、吸毒等罪案近在咫尺，在那種環境下，一不小心就誤入歧途；幸而有父親的嚴厲教誨，加上自小見識過種種黑暗，保哥和弟弟都特別潔身自愛。「在這些地方出來的人，怎會捱不到苦？」他淡然慨嘆。

保哥的五味人生從「苦」開始，不過苦中有樂，例如在資源短缺的環境讓他領悟到「窮則變，變則通」的道理。他憶述：「有營地餐餐都派肥豬肉，食到你驚！」保哥媽媽卻能用五花腩煮出 10 種不同菜式，如薄切香煎、金銀蒜蒸、切粒炒飯等等，讓平平無奇的食材成為令人回味的好菜式，「我現在也可以做出當年的味道。」同時啟發他不斷構思創新的菜式。另外，保哥做越南菜也十分拿手，皆因越南營友無私地傾囊相授，讓他學到正宗的越南風味。

中學時期，保哥有一段時間
仍在難民營生活。

在中華廚藝學院修讀初級專業廚藝課程，食品雕刻技術出眾。

中學的家政室，充滿不少快樂的回憶。

辛「辣」歷練，夢想成真

無論在鏡頭前後，保哥都笑容可掬，可知他是個積極正面的人。保哥從來沒有怨天尤人，反而深信「來到這個世界，來到這個地方，是一種福氣和緣分。」正因着不同機緣，他一步步走過「酸辣」的求學、追夢歷程。保哥大約十四歲時離開難民營，未接受過正規教育及拿着「行街紙」的他在找學校時大吃閉門羹。後來，在難民營曾教保哥數學的 Cathy 老師，引薦他到迦密唐賓南紀念中學面試，結果獲取錄為中三學生。保哥坦言，考獲學位固然高興，可是 3 年學生生涯也有不少辛酸，既要應付從未接觸過的中學課程，也遭受同學欺凌，不時被嘲「越南仔」，但他仍卯足全力學習。

當然，保哥依然心念着烹飪，然而只有女生才可上家政課，怎麼辦？起初，他時常被家政室傳出的氤氳香氣吸引，忍不住在課室外東張西望，甚至被誤以為在偷看女生。家政老師羅麗萍老師得知他醉心烹飪後，特意向校長申請，讓他破格修讀家政課！即使他當時性格害羞內斂，仍然積極參加大大小小的烹飪比賽，不放過任何一個入廚的機會。

儘管保哥努力將勤補拙，會考成績仍未如理想，拿着一分的成績單正在躊躇之際，「那時，黃燕雲老師知道我是烹飪狂熱分子，提議我去中華廚藝學院面試。」他說。面試後，保哥成功入學，踏上學廚之路，「夢想成真！因為入讀這間學校是很多想做廚師的人的夢想。」經歷學院生活後，他更加相信自己是屬於飲食行業的，因此在完成初級課程後，繼續進修，不惜花費 12 年時間「攻頂」，成為中華廚藝學院首位修畢初、中、高至大師級課程的學生。

黃亞保的五味人生

心「酸」失落，轉型求變

一心追求更高廚藝境界的保哥，當時一邊任職廚師，一邊應付兼讀制的課程，畢業後輾轉在數間食肆和酒店任大廚，更於 2012 年與幾位同學一同開辦融合粵菜的酒家「雲來軒」。多年來早出晚歸，犧牲的不止是個人的休息時間，更是共聚天倫的時光。當大女兒還小的時候，保哥因工作忙碌很少與她相處；有一天他擁抱女兒，被她推開了，保哥發現女兒認不出自己，一陣心酸湧上心頭，情景至今仍歷歷在目。故此，在「雲來軒」不敵疫情結束營業後，保哥着手轉型，開設品牌「保哥廚房」、「保哥陳皮」，售賣即食餸菜包和陳皮產品，也開始擔任廚藝導師，讓工作時間變得較彈性。

說起導師工作，保哥誇讚很多學生都出類拔萃，此次拍攝也有學生擔任助手。如果說在餐廳烹調美食，能令廚師和食客都滿足快樂，那教導學生下廚，由他們不懂「揸鑊鏟」到能夠下廚大宴親朋，就等於把廚藝的快樂傳揚開去。因此，導師身分為保哥的廚師生涯錦上添花，就跟為菜餚灑上鹽花一樣，大大提升鮮味，又增添鹹香滋味。

「甜」上心頭，努力打拼

五味人生，怎少得了「甜」？保哥說起太太時總是甜絲絲，「自從認識我太太後，我整個人都改變了！」難民營的生活令保哥自我封閉又性格內斂，是初戀情人，即是太太 Rebecca 打開了他的心扉，讓他變得開朗又主動。組織家庭後，太太更成為賢內助，讓保哥可以放心為事業打拼。他們的一女三子當然是保哥的心肝寶貝，保哥希望未來可以騰出更多時間陪伴家人，見證子女的成長。

保哥也不忘感恩幫助他的工作伙伴，尤其是曾合作的 TVB 監製和導演，以及藝人大王（安德尊）和大小姐（林淑敏），前者給予他機會開拍節目，令保哥真正「入屋」，後者為他的主持技巧提供很多寶貴意見。他說拍攝節目的時光很快樂，回想起來也甜在心頭。

雖然自小嘗了不少苦頭，但保哥深信有付出總會有收穫。身為「陳皮達人」，他用陳皮喻人生——新皮香而苦、陳皮甘且甜，苦盡甘來。今天，他不僅如願以償成為廚師，更是飲食節目主持、烹飪導師、廚藝顧問，精通粵、客家、越南等菜式，無論珍饈佳餚，還是家常小菜都難不倒他。不過，這些亮麗成績未使保哥停下腳步，去年他才剛進修法國廚藝，可見他的奮鬥故事還在繼續。我們儘管期待，保哥為大家的味蕾帶來甚麼驚喜。

保哥的寶貝

陳皮篇

保哥對陳皮情有獨鍾，源於對女兒的一份愛。

他熟悉陳皮的歷史、種類、年份價值及儲存等，並將之廣泛傳揚，讓陳皮的養生價值為大眾認識。

「新皮苦，陳皮甘，就似人生的歷練，永不言棄，總會苦盡甘來。」保哥説。

在保哥的眼內，陳皮是寶。陳皮味苦、辛溫，有行氣健脾、化痰燥濕的功效。據醫書記載，陳皮儲存的年份愈久遠，天然抗氧化劑橙皮甙的含量愈高，具有較高的祛痰功能，而且入饌製成小菜、點心、茶水、燉湯或甜點，皆能嘗到其甘香之味，所以很多人收藏陳皮，並視之為寶貝般珍藏。

陳皮是強身寶物

中醫認為，陳皮具有理氣健脾、調中開胃、燥濕化痰之功，有助消化不良、食慾不振、咳嗽痰多、噁心嘔吐及大便溏薄的症狀，並可改善呼吸系統疾病及保護肝臟。

據現代藥理分析，陳皮含有揮發油、橙皮甙、生物鹼及維他命 B、C 等，能促進消化、抗動脈粥樣硬化、降低膽固醇等，對現化都市人來説很有療效。

所以，適當地儲存橘皮一段時間，可確保陳皮的品質，以及發揮其藥用功效。以下保哥為大家介紹不同年份的陳皮及儲藏方法。

愈舊愈是寶

「選用新會大紅柑果皮，經曬製後並存放 3 年以上的，才能稱為『陳皮』。」保哥説到。保哥珍藏了不同年份的陳皮，從新皮到 50 年的陳皮都是他的寶貝。

30 至 50 年陳皮

氣味濃郁醇化，聞起來令人感覺舒服。30 至 40 年的陳皮，內瓤的色澤較深；50 年以上的陳皮由於經多年儲藏，內瓤漸漸脫落，外皮薄脆，但紋理清晰，陳皮表面的油點較大，分佈平均。

保哥建議 40 年以上的陳皮以珍藏為佳，若家裏有人剛動手術，可焗陳皮水飲用，令身體機能迅速恢復。

53 年陳皮，氣味濃郁，是保哥珍藏。

16 至 25 年陳皮

氣味馥郁甘香；白瓤色澤相對地較淺。保哥建議 16 至 20 年陳皮可煲製藥材湯、燉湯或製成陳皮雪梨水。

42 年陳皮，色澤較深。

9 至 15 年陳皮

柑香味逐漸消退，取而代之的是淡淡的甘香。保哥建議這類陳皮可烹調成老火湯或作為日常菜式使用。

21 年陳皮。

3 至 8 年陳皮

略帶橙柑香味，質感柔軟，輕刮外皮油分很高。保哥建議可製作滷水菜式或燜煮家常餸。

「煮餸前，陳皮宜用清水浸泡 30 分鐘至軟身，避免使用熱水讓揮發油流失；陳皮內瓤有軟化頑痰的功效，不宜去掉。」保哥說如想保留陳皮的藥用成分或香味，當湯水或粥煲好後，才撒入陳皮加蓋焗 20 分鐘。

11 年陳皮。

1 年的新皮，外皮呈橙黃色，白瓤完整。

7 年陳皮。

如何避免贋品?

市面上有些陳皮贋品,不是取用新會柑曬製,而是經過蒸製而成,顏色雖深,但白瓢光滑沒脫落、皮厚、外皮沒光澤及較硬,氣味辛卻帶苦味,烹調時容易煮爛,故購買時必須留意。

● 充當上等陳皮的贋品。

陳皮寶貝保存法

天氣炎熱及潮濕,皆對陳皮有不良的影響。因此,適當的儲存最重要,保哥建議以下幾點儲存秘笈:

1. 按陳皮的年份來保存,因不同年份的陳皮儲存愈久,其成分也有改變。
2. 宜放於鐵罐內儲存,密封能力較佳,能確保不受潮影響。
3. 保持乾爽,勿沾濕水分。
4. 放在陰涼的位置,例如離地保持一米以上,或遠離天花板及牆壁等,以免地氣及水氣影響陳皮質素。
5. 避免陽光直接照射,令其揮發油消減。
6. 不要放在廚房,因煮食時容易產生水分,令陳皮受潮。

陳皮需要經常曬太陽嗎?

保哥建議每季將陳皮放在太陽下曬一曬,以免受蟲害或發霉變壞;但超過10 年的陳皮則毋須特別處理,密封保存即可。

保哥提醒大家,陳皮最宜曬 2-3 小時,內外皮均需要曬,待涼後放入鐵罐保存,以免熱氣積存鐵罐內令陳皮受潮。

材料

排骨 600 克
陳皮 2 個
雞蛋 1 隻
九製陳皮 80 克
水 4 湯匙
麵粉及生粉各 2 湯匙
鹽少許

陳皮香酥骨

做法

1. 陳皮用水浸軟，取 1 個切絲，備用。
2. 排骨沖淨，抹乾水分，備用。
3. 陳皮 1 個、九製陳皮 20 克、雞蛋及水放入攪拌機，打成漿狀備用。
4. 排骨放入大碗內，灑入鹽及陳皮漿拌勻，冷藏一會。圖 1
5. 麵粉及生粉篩勻；燒熱油，排骨蘸上粉，炸至金黃色，盛起待一會；再下油鑊翻炸，瀝乾油分。圖 2
6. 餘下九製陳皮磨成粉；陳皮絲放入白鑊輕輕烘香，加入九製陳皮粉及排骨拌勻，上碟享用。圖 3

保哥秘訣

下油鑊前，排骨才與麵粉及生粉拌勻，否則封着肉質，陳皮味難以滲入排骨。

陳皮泥鰍粥

材料

10 年陳皮 1 個
泥鰍 6 條（青鰍，中型）
鯪魚 2 條
薑 10 片
米 1 量米杯

調味料

魚露 3 湯匙
胡椒粉少許

伴吃料

大頭菜粒、薑絲、葱花、芫荽碎及花生各適量

保哥的寶貝——陳皮篇

◇ **做法** ◇

1. 陳皮用水浸軟，切絲。

2. 鮻魚劏好，洗淨，抹乾水分；燒熱油，下薑 4 片，放入鮻魚煎成金黃色，灒水，大火煲成魚湯，隔去魚骨，魚湯留用。圖 1

3. 泥鯭劏好，洗淨，排於碟上，加入薑 6 片及油，隔水蒸 3 分鐘，待涼，取出一排排魚肉。圖 2-3

4. 鍋內放入米及魚湯（米及魚湯分量比例 1：6）煲成粥，不時攪動以免焦底，放入陳皮絲及泥鯭肉滾約 10 分鐘，最後下調味料拌勻。圖 4

5. 享用時，伴大頭菜、薑絲、葱花、芫荽碎及花生享用。

保哥秘訣

- 建議選用 10 年的陳皮，令泥鯭粥帶香濃的陳皮香氣。
- 用鯪魚湯熬成粥，可提升魚粥之鮮香味道。
- 泥鯭蒸約 3 分鐘後，能輕易取出一排排魚肉，而魚腩肉也不會黏着小骨；若蒸 5 分鐘魚肉會發霉。

- 熬粥期間保持大火，以免黏底；待高溫時攪動粥，米與水不容易分離。
- 魚粥配上魚露調味，鮮甜味更加突出。

陳皮冬瓜煲老鴨

番鴨 1 隻
陳皮 2 個
唐排骨 600 克
冬瓜 1.2 公斤
黨參 38 克
扁豆 75 克

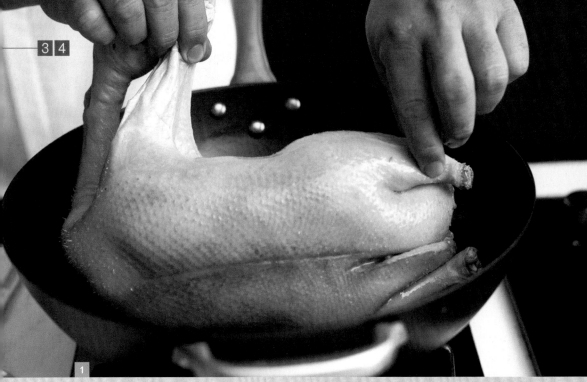

做法

1. 陳皮用水浸軟，原個備用；
   冬瓜洗淨，去籽，連皮切成
   大塊；排骨沖淨。
2. 番鴨去除內臟、尾部、鴨翼及
   掌，洗淨，瀝乾水分，放入白
   鑊煎至金黃色，淋上熱水去油
   膩，斬件。圖 1-2
3. 油鑊內放入鴨翼、鴨掌及排骨
   輕煎，排骨斬成大件，備用。
4. 鍋內放入水 2 公升，加入鴨
   件、唐排、黨參、扁豆及陳
   皮，以中火煲約 1 小時，最後
   下冬瓜件再煲 1 小時，灑入鹽
   調味即成。

保哥秘訣

- 鴨經過煎香後，湯味會更香濃。
- 用唐排骨煲湯的話，下鍋前可略煎香；但燉湯則不要用油煎，以免燉湯太油膩。

香煎陳皮鍋貼

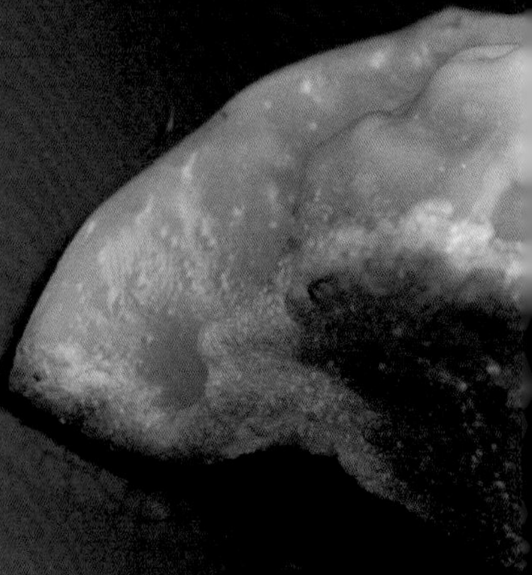

材料

豬肉碎 600 克
10 年陳皮 1 個
椰菜 1/2 個（細）
圓形餃子皮 30 張
生粉適量

醃料

生抽 2 湯匙
糖 1 茶匙
鹽 2 茶匙
麻油 1 湯匙
胡椒粉少許
薑米 1 湯匙
油 1 湯匙

做法

1. 陳皮用水浸軟,切碎備用。
2. 椰菜洗淨,切碎,灑入鹽醃一會,沖水,壓出水分。
3. 肉碎加入生粉搓至起膠,放入陳皮碎、椰菜碎及醃料拌勻,冷藏備用。圖 1-2
4. 餃子皮鋪平,包入適量餡料,對摺成半月形,壓實。圖 3
5. 鍋貼排入生鐵鑊,不加油生煎一會,倒入水(至鍋貼一半高度)用大火加蓋煎焗,調至小火,待水滾計 3-4 分鐘後,倒去水分。圖 4
6. 最後下油 2 湯匙,調至大火煎 1.5 分鐘至外皮香脆,即成。圖 5

保哥秘訣

- 鍋貼先不用油生煎,加水焗至餡料熟透,最後下油煎香外皮,全程不多於 6 分鐘,鍋貼香脆好吃。
- 選用椰菜加入餡料內,令口感更爽脆。

陳皮手打牛肉

材料

免治牛肉 450 克（7 成瘦肉，3 成肥肉）
10 年陳皮 30 克
榨菜粒 50 克
牛肉湯 1 盒（500 毫升）
芫荽碎 10 克
葱花 10 克
生粉水適量

醃料

梳打粉 1/3 茶匙
糖 1 茶匙
鹽 1/3 茶匙
雞蛋 1/2 隻
胡椒粉少許

做法

1. 陳皮用水浸軟，切粒備用。
2. 免治牛肉加入醃料拌勻，再加入水 80 克，順一個方向搓勻。
3. 下榨菜粒、陳皮粒、芫荽碎及葱花攪拌均勻，並撻至起膠，擠成牛肉球狀。圖 1
4. 煮滾牛肉湯，放入牛肉球以 70℃ 慢煮約 10 分鐘，盛起上碟。圖 2
5. 取少許牛肉湯，加入生粉水埋芡，澆於牛肉球，充滿陳皮香氣。

保哥秘訣

- 免治牛肉加入水攪拌，口感嫩滑，而且肉汁豐富。
- 必須順一個方向攪拌牛肉，否則牛肉起筋，肉質就粗韌了。
- 建議以 70℃ 肉湯慢煮牛肉球，如太大火會鎖緊肉質表面，口感顯得粗糙。

遠年
陳皮紅豆沙

材料

紅豆 300 克
15 年陳皮 1 個
冰糖 60 克（用於 600 克紅豆沙，自行調節甜度）
水 3 公升
生粉水 2 湯匙

1. 陳皮用水浸軟，切絲備用。
2. 紅豆沖淨，放入白鑊炒至豆殼爆開。
3. 燒滾水 3 公升，下紅豆以中小火煲 2 小時，用密篩打沙，隔出豆殼。圖 1-2
4. 紅豆沙放回鍋內，加入冰糖以小火煮溶，下生粉水埋芡，最後加入陳皮絲，加蓋焗 30 分鐘，盛於碗內品嘗。

保哥秘訣

- 這是懷舊紅豆沙的製法，我改良了用白鑊炒紅豆代替浸泡紅豆，令紅豆沙帶濃香豆味。
- 紅豆與水分的比例是 1 比 10。
- 煲紅豆沙最少 2 小時，能去掉豆青味。
- 紅豆衣令人產生胃氣，難以消化，隔去豆殼後口感滑溜。
- 不宜太早加入冰糖，否則紅豆變硬，難以打成紅豆沙。

川貝陳皮
冰糖燉原個雪梨

雪梨（天津鴨梨）3 個
陳皮 1 個
冰糖 80 克
川貝 20 粒
水 1.2 公升

做法

1. 陳皮用水浸軟，原個備用。
2. 雪梨去皮，去底部及挖去果芯，沖淨。
3. 將所有材料放入燉盅內，以中大火燉 1 小時，湯味清甜，功效佳。

保哥秘訣

- 陳皮的內瓤有很好的藥用價值，可不要刮去。
- 燉出來的雪梨湯，湯水清澈，緊記不要用火煲製。
- 600 毫升水需放入 40 克冰糖調味。

陳皮炒米茶

糙米、黑粘米及紅米 3 湯匙
陳皮 1 個
當歸 1 片（約 8 克，全身）
王不留行 6 克
通草 12 克
黃芪 8 克
木耳 1/2 塊
薑 4 片
水 2 公升

做法

1. 糙米、黑粘米及紅米放入白鑊，炒至爆米花狀，待涼備用。
2. 陳皮及木耳分別用水浸軟，備用。
3. 燒滾水 2 公升，放入當歸、王不留行、通草、黃芪、陳皮、木耳及薑片，以大火煲滾，放入炒米再滾 5 分鐘，加蓋焗 30 分鐘，即可飲用。

保哥秘訣

- 太太懷有大女時，我曾經修讀中醫課程學習坐月期間的飲食。剛生產的媽媽適合飲用炒米茶，加上木耳及薑片可祛寒，讓身體暖和，再配合通草及王不留行，更具通乳消炎之功效。
- 將米粒炒至爆米花，焗煮後茶味更香。

家常篇・宴客篇・素菜篇

保哥與烹飪，從小開始築起密不可分的關連。
電視機前揮灑自如的保哥，在傳統菜式上推陳
出新，創製出精巧出眾的佳餚，每次也讓觀眾
大叫驚喜，掌聲不絕！

蒜蓉牛油 金沙烽巢豆腐

自煮人生——家常篇

材料

硬豆腐 1 件
鹹蛋黃 1/2 個
牛油 20 克
蒜蓉 5 克
魚露 1 茶匙
葱花 2 湯匙
炒香白芝麻 1 湯匙

做法

1. 硬豆腐預早一晚冷藏於冰格至硬,翌日浸水解凍,用手撕成塊狀。
2. 鹹蛋黃隔水蒸 8 分鐘至軟身,壓爛。
3. 燒熱油,放入豆腐塊炸至金黃色(小心濺油),盛起待一會,再下油鍋翻炸,瀝乾油分。圖 1
4. 牛油及蒜蓉起鑊,加入鹹蛋黃蓉用小火炒至起泡,下魚露調味拌勻,倒入炸豆腐,熄火,快速拌勻,上碟,撒上葱花及白芝麻,趁熱享用。圖 2-3

保哥秘訣

- 我喜歡用手撕豆腐來炸，炸後富有層次感，外脆內軟。
- 鹹蛋黃炒至起泡才加入炸豆腐，否則賣相不美觀。
- 或選用豆泡烹調，一開二，將豆泡內部反出來，炸後口感鬆脆，也可避免油炸時濺油的危險；或也可使用氣炸鍋製作。

香煎 流心芝士肉餅

材料

肉碎 300 克
馬蹄 2 顆（切粒）
芝士 4-5 片
雞蛋 1 隻
葱 1 棵（切粒）

醃料

蠔油 1 湯匙
鹽及生粉各少許

◇ **做法**

1. 肉碎、馬蹄粒、雞蛋、葱花及醃料拌勻，攪撻至有黏性，分成兩等份。

2. 保鮮紙鋪好，放上一份肉碎抹平成底層，在肉碎邊緣灑上生粉黏合用。圖 1

3. 再次鋪好保鮮紙，放上另一份肉碎抹平（比底層略大），在肉碎邊緣灑上生粉。

4. 芝士片疊好，剪去四角（不要大於肉餅），放在肉餅底層中間，蓋上步驟 3 的肉餅，按好黏合。圖 2-3

5. 將肉餅小心地移至燒熱油的鑊內，先用大火後調至小火煎（每面煎 4 分鐘），熄火，輕按肉餅中央軟身即可，上碟切開，芝士緩緩流出。圖 4

保哥秘訣

• 醃肉碎時不要加入糖及水分，否則煎肉餅時容易焦燶。
• 待肉餅煎至定型，才翻轉另一面再煎，否則翻來覆去令肉餅散碎。
• 這道菜是小朋友伴飯的指定菜式。

薑蔥炒魚卜

材料

魚卜 12 個
薑 12 片
乾蔥 4 粒
蒜蓉 1 湯匙
蔥 1 棵（切度）
紅椒 1 隻（切塊）
紹酒 1 湯匙

汁料

蠔油 2 湯匙
生抽 1/2 湯匙
糖 1 茶匙
麻油 1 茶匙
水少許

飛水料

薑 8 片
紹酒 2 湯匙
鹽 2 湯匙

做法

1. 魚卜洗淨，徹底去掉血水及薄膜。
2. 燒滾水，放入飛水料及魚卜，飛水約 2 分鐘，瀝乾水分。圖 1
3. 燒熱油，加入薑片、乾蔥及蒜蓉爆香，下魚卜炒勻，灒紹油 1 湯匙，加入汁料拌炒，最後下紅椒及蔥度炒勻，上碟享用。圖 2

保哥秘訣

- 鱤魚及大魚的魚卜可炮製這道菜，炒後的魚卜爽口有嚼勁，可預早向相熟的魚販留起魚卜。

- 洗淨魚卜的血水及薄膜，有效去掉魚腥味。
- 魚卜飛水前，必須剪破魚卜，否則受熱後會爆破，容易受傷。
- 爆香大量的薑、葱、蒜及乾葱，令魚卜更加惹味。

海鮮茶碗蒸

◇ 材料

雞蛋 120 克
雞湯 250 毫升
鰹魚汁 1/2 湯匙
昆布汁 1/2 湯匙
本菇 3-4 朵
蘆筍 1 條

◇ 海鮮料

海蝦 1 隻
花蛤 4 隻
鮮鮑魚 1 隻
小八爪魚 1 隻

◇ 做法

1. 雞湯、鰹魚汁及昆布汁拌勻,加入雞蛋拂勻,用密篩過濾,盛於碗內。
2. 蛋漿以保鮮紙包好,隔水大火蒸 15 分鐘。
3. 海蝦、花蛤、鮮鮑魚及小八爪魚處理妥當,與本菇及蘆筍焓熟,瀝乾水分。
4. 在蛋漿面排好海鮮料、本菇及蘆筍,以少許雞湯、鰹魚汁及生粉水煮勻埋芡,上桌享用。

保哥秘訣

蛋漿隔篩後,包上保鮮紙密封隔水蒸,毋須開蓋疏氣,能蒸出嫩滑的茶碗蒸。

魚湯浸順德魚腐

材料

鯪魚或桂花魚 1 條（約 530 克）
唐芹段適量
杞子 10 克
冬菜 1 湯匙
雲耳 5 朵
薑 4 片
雞蛋白 4 隻
冰水 80 克

調味料

鹽少許
生粉 1 湯匙

做法

1. 鯪魚洗淨，剖切、去內臟，用匙羹刮出魚肉約 7 兩（保留魚骨）。圖1

2. 將鯪魚肉及鹽少許放入攪拌機打成魚蓉，再加入蛋白、生粉 1 湯匙及冰水攪拌。

3. 魚漿放入密篩過濾，隔去筋膜及碎骨，用手攪至起膠，備用。圖2

4. 燒熱油，下薑 4 片，放入魚骨煎香，灒入熱水滾成奶白色魚湯，隔去魚骨。圖3

5. 煮熱魚湯，調至中火，用手擠入魚滑浸熟，最後加入唐芹段、雲耳、杞子及冬菜略滾，上桌享用。圖4

保哥秘訣

- 鯪魚的魚味重；桂花魚則令魚滑雪白。
- 用匙羹刮魚肉時，粗刮即可，因隨後魚蓉再過篩去掉魚骨。
- 魚蓉放入攪拌機攪打時，放入冰水以免機器熱力令魚漿受熱過度，影響口感。

別不同 菠蘿咕嚕肉

材料

玻璃肉 150 克
新鮮菠蘿 1/4 個（去皮）
紅、黃、青甜椒各 1/2 個
椰果 10 粒
洋葱 1/4 個
乾生粉 100 克
現成咕嚕汁 1 包

醃料

吉士粉 1/2 湯匙
食用梳打粉 1/4 茶匙
糖 1/5 茶匙
水 1/2 茶匙

做法

1. 豬肉洗淨，抹乾水分，放入醃料略醃。
2. 菠蘿切塊，浸鹽水；甜椒洗淨，切塊；洋葱去衣，切件。
3. 燒熱油，放入洋葱及甜椒略炒，盛起備用。
4. 燒熱油，豬肉蘸上乾生粉，放入熱油內炸至金黃色，盛起，瀝乾油分。
5. 煮滾一鍋水，將炸肉放入熱水內飛水，瀝乾水分，再下油鍋翻炸至金黃色。
6. 煮熱咕嚕汁，加入菠蘿、椰果、甜椒、洋葱及炸肉拌勻即可。

保哥秘訣

- 玻璃肉是靠近豬前腿內側帶皮的肉，貼近五花肉，肉質爽而不膩。
- 豬肉上生粉時如蘸上蛋液，粉漿會變糊及厚實。
- 中菜所用的生粉是馬鈴薯粉，並非粟粉。
- 玻璃肉炸一遍後飛水，目的是保持肉內的水分，翻炸後能保持脆口；飛水後需要瀝乾水分，小心濺油。

檸香
山竹牛肉

牛肉碎 225 克
馬蹄 1 顆（切碎）
青檸 1 個（取皮，磨蓉）
檸檬葉 1 塊（切碎）
陳皮 1/3 個（切粒）
生根 3-4 個
芫茜碎 1 湯匙
葱花 1 湯匙
食用梳打粉 1/5 茶匙
生粉 1 茶匙
水 4 湯匙

芡汁

上湯 1/2 碗
蠔油 1 茶匙
生粉水 1 湯匙

保哥秘訣

- 牛肉球肉汁豐富，加入食
  用梳打粉攪拌，肉質滑嫩。
- 牛肉球加入青檸皮、檸檬
  葉及陳皮，除了提香之
  外，還可去除牛肉的羶味。

1. 將所有材料放入大碗內（生根除外），用手攪拌均勻，攪撻至有黏度。圖 1-3

2. 生根焓軟，沖淨，鋪於碟上，擠出牛肉球，每個重約 40 克，放於生根面。圖 4-5

3. 燒滾水，大火蒸約 12 分鐘，最後以芡汁埋芡即成。

法式蝴蝶魚

材料

左口魚 1 條（約 530 克至 600 克）
麵粉 100 克
雞蛋 2 隻（拂勻）
日式麵包糠 150 克

醃料

胡椒粉 1/2 茶匙
鹽 1 茶匙

沙律料
（拌勻）

紅蘋果 30 克（切粒）
青蘋果 30 克（切粒）
馬鈴薯 30 克（焓熟、切粒）
溫室青瓜 1 條（切粒）
紅甜椒 1/4 個（切粒）
日式蛋黃醬 5-6 湯匙

1. 左口魚在口部小心拉出腸及內臟，去鱗，洗淨。用尖刀在脊骨處直切，起出兩邊魚肉（切約 1-1.5 吋深；盡量不切至背鰭，否則炸魚時爆裂），在魚身兩邊及魚肉內灑入胡椒粉及鹽。圖 1-2

2. 在魚脊骨中間蓋上牛油紙，在魚身兩邊及魚肉內灑上麵粉，掃上蛋漿，蓋上麵包糠，去除多餘麵包糠。圖 3-6

3. 燒熱一大鑊油至 180℃，放入魚炸至金黃色，取出；翻炸後上碟，取去牛油紙。圖 7

4. 左口魚的脊骨慢慢取出，在中間位置放上生果沙律，上桌宴客品嘗。

保哥秘訣

- 這是修讀法國課程時必學的傳統菜式,傳統上以蝴蝶刀法切魚,配上香草牛油烹調,我現改良做法,以清新的沙律粒伴吃。
- 由於保留整尾魚的完整性,故需要小心地在魚口處拉出腸臟,以免破壞魚身。
- 必須購買扁身魚來製作此菜,例如左口魚、大撻沙或方脷等。如選購新鮮魚,剝兩邊魚肉時可向魚尾部分往後多剝些,並在魚肉剝十字花,以免炸後魚肉捲回及合上。

- 魚先灑入麵粉,能吸乾魚肉水分,然後才掃上蛋漿及麵包糠。

金銀蒜焗
原隻石山生蠔

材料

台山有殼生蠔 4 隻
蒜蓉 400 克
指天椒 2 隻（切圈）
葱花 2 棵（切粒）

調味料

蠔油 2 湯匙
糖 1 茶匙

做法

1. 台山生蠔沖淨，放入沸水烚一會，取出，連殼浸於冰水，隔乾水分，除去平殼。
2. 燒熱油，放入蒜蓉 200 克炸至金黃色，連油拌入餘下的生蒜蓉內，加入調味料及指天椒圈拌勻，最後灑入葱花。
3. 小心地打開蠔殼，將金銀蒜放入蠔肉面，預熱焗爐至 230℃，焗 6-7 分鐘見表面金黃即成。

保哥秘訣

- 生蒜及炸蒜以 1 比 1 的比例製成，令焗出來的蒜味不會太辣。
- 台山蠔先放沸水略烚，能保存蠔肉香氣。

XO醬炒薹拔蚌

材料

小象拔蚌 7-8 隻
塔花菜 200 克
黑皮雞樅菌 60 克
蒜蓉、乾葱蓉及薑蓉各 1 茶匙
冰水適量

灼菜料

鹽 1 湯匙
糖 2 湯匙
油適量

調味料
（調勻）

XO 醬 2 湯匙
蠔油 1 茶匙
糖 1 茶匙
麻油 1 茶匙
生粉水適量

自煮人生—— 宴客篇

做法

1. 燒熱水，放入小象拔蚌燙 3 秒，立即取出，脫殼，撕去薄膜，浸於冰水，肉質爽口。圖 1-3

2. 小象拔蚌取出，瀝乾水分，切開成薄片。放入滾水內灼 5 秒至 5 成熟，盛起備用。圖 4-5

3. 塔花菜切小棵，浸洗乾淨。燒熱水，放入灼菜料、塔花菜及雞樅菌灼軟，盛起，瀝乾水分。

4. 燒熱油起鑊，下料頭爆香，加入 XO 醬、塔花菜及雞樅菌炒勻，下調味料拌勻，最後拌入象拔蚌快炒數下，上碟即可。圖 6

保哥秘訣

- 這道菜需與時間競賽,首先象拔蚌放入熱水最多燙 5 秒取出,否則肉質粗韌;最後象拔蚌回鑊快炒一會立即上碟。
- 小象拔蚌放熱水內燙,目的是便於去殼;如剝開殼取蚌肉,肉會黏着外殼造成浪費。
- 象拔蚌回鑊前先放熱水內燙 5 秒,炒出來的肉質保持爽口滑嫩,否則不斷翻炒會影響口感,而且也會分泌過多水分。

自煮人生——宴客篇

炭燒半熟牛肉沙律

材料

牛小排 200 克
沙律油醋汁 100 克
日式燒汁 50 克
炒香白芝麻少許
生粉少許

沙律菜

室溫青瓜 1 條
青、紅、黃甜椒各 1 個
羽衣甘藍數片

醃料

蒜肉 1 湯匙
芫茜 1 棵
乾葱 1 粒
黑椒碎 1 茶匙
唥汁 1 茶匙
生抽 1 湯匙
豆瓣醬（港式）2 茶匙
雞蛋 1 隻

做法

1. 青瓜、甜椒及羽衣甘藍洗淨，切好備用。
2. 醃料放入攪拌機，打爛成醬汁。
3. 牛小排抹淨，用生粉在四面撲勻，加入醃汁待一晚醃至入味。
   圖 1-2
4. 燒熱油，放入牛小排煎 3 分鐘，放於碟上待 5 分鐘，再翻煎另一面 3 分鐘，取出待一會。圖 3
5. 沙律料鋪於碟上，灑上沙律油醋汁。
6. 牛肉切薄片，用火槍炙燒牛肉，上碟，澆上燒汁及炒香白芝麻即可品嘗。圖 4

- 切去牛小排之筋膜，吃起來口感嫩滑。
- 牛小排先用生粉撲勻四面，再加醃汁入味，這樣煎起來肉質才不太粗韌。
- 牛小排煎一面後，必須待 5 分鐘讓肉質鬆弛，才煎另一面。

花膠釀法式百花

材料

70-80 頭非洲花膠筒 5-6 隻
蝦膠 250 克
淡忌廉 50 克
雞蛋白 2 隻
黑松露醬 1 湯匙
露筍片及杞子各適量
生粉適量

飛水料

薑 4 片
紹酒 2 湯匙

上湯芡
（玻璃芡）

雞湯 80 毫升
鹽及糖各少許
生粉 2 茶匙

◇ **做法** ────────────────

1. 乾花膠筒隔水乾蒸 15 分鐘，蒸後取出，立即浸泡冰水一晚。

2. 蝦膠、淡忌廉、蛋白及黑松露醬放於攪拌機，攪拌均勻。

3. 燒滾水，放入飛水料及花膠筒飛水約 2 分鐘，瀝乾水分。

4. 花膠切去頭末兩端，在花膠內部塗抹生粉，擠入蝦膠至飽滿。
   圖 1-3

5. 燒滾水，放入花膠隔水蒸 10 分鐘，澆上煮熱的上湯芡，最後以灼熟露筍片及杞子裝飾即成。

保哥秘訣

- 法式百花是以淡忌廉及蛋白製成，入口滑嫩。
- 70-80 頭非洲花膠筒體型細小，適合烹調這道釀菜。
- 花膠飛水後緊記不要沖水，否則難以瀝乾，將花膠直身排好，能充分排走水分。

馬頭立鱗燒

材料 ⋯⋯⋯⋯⋯⋯⋯⋯⋯⋯⋯⋯

醃料 ⋯⋯⋯⋯⋯⋯⋯⋯⋯

馬頭魚（大）1 條
紅車厘茄 5 粒
黃車厘茄 5 粒
泰式甜酸醬 150 克
檸檬半個（榨汁）
蔥花適量

鹽少許

自煮人生──宴客篇

做法

1. 馬頭魚沖淨，不打鱗。用刀起出兩邊魚柳及魚骹位（魚骹做成魚頭），在魚肉部分灑入鹽略醃。圖 1-2

2. 燒熱油 200℃，魚柳用隔篩盛起，不斷澆上熱油，隨後放入魚柳炸至魚鱗直立，下魚骹炸至金黃色，盛起；再放入魚柳及魚骹翻炸，瀝乾油分。圖 3

3. 車厘茄洗淨，切半，與泰式甜酸醬及檸檬汁煮成濃稠適中的醬汁。

4. 魚柳及魚骹放於碟上，澆上甜酸汁，最後灑上葱花即成。

剪切出來的魚骹，炸後排成魚頭。

自煮人生——宴客篇

保哥秘訣

- 可選用鱲魚及青衣等鱗片較大塊的魚，炸後明顯可見魚鱗直立。
- 到魚檔購買時，切勿讓魚販剖開魚肚及打鱗，否則不能成功。
- 魚鱗面緊記不要灑下鹽醃，魚鱗有機會不能炸至直立。
- 炸魚時，建議用大量食油，炸後的魚柳及魚鱗才會美觀。

金湯燴魚肚

材料

砂爆魚肚 200 克（浸發後計）
本地葫蘆南瓜 100 克
鮮奶 50 毫升
雞湯 50 毫升
薑 4 片
紹酒 2 茶匙

飛水料

薑 4 片
紹酒 40 毫升

調味料

糖 1/4 茶匙
鹽 1/3 茶匙

1. 魚肚洗淨，放入熱水焗 2 小時至軟身，切件。燒滾水，放入飛水料及魚肚飛水約 2 分鐘，瀝乾水分，備用。圖 1-2

2. 南瓜去皮，隔水蒸至軟腍，壓成蓉，拌入少許鮮奶放入攪拌機打成幼滑狀。

3. 燒熱少許油，下薑片爆香，灒酒，倒入雞湯煮滾，魚肚回鑊煨至入味，灑入調味料拌勻。

4. 魚肚取出，壓乾湯汁，盛起。

5. 放入南瓜蓉及鮮奶煮熱，魚肚再下鑊煮滾，即可上碟供吃。圖 3

保哥秘訣

魚肚煨味期間，湯汁滾起即可熄火浸煮，否則湯汁太濃稠。

客家沙薑焗雞

材料

冰鮮雞 1 隻
花雕酒 80 毫升
玫瑰露酒 1 茶匙
蔥 2 棵（切段）
紅椒絲少許（浸水）

料頭

沙薑 120 克（略拍爛）
蒜頭 80 克（一開二，不用拍爛）
乾蔥 120 克
老薑 80 克（略拍，切塊）

醃料

沙薑粉 2 茶匙
生抽 1 湯匙
豆瓣醬 2 茶匙
燒汁 1 湯匙
麻油 1 湯匙
糖 1/2 茶匙
鹽 1/3 茶匙
生粉 1 湯匙

做法

1. 冰鮮雞洗淨,抹乾,切塊,放入醃料拌勻入味。圖1

2. 瓦鍋內燒熱麻油2湯匙,下料頭爆香至金黃色及水分收少,排入雞塊,灑入花雕酒及玫瑰露酒,加蓋,用中火焗焗15分鐘。圖2-3

3. 打開鍋蓋,加入葱段及紅椒絲鋪面,加蓋,再調至大火,上桌前在蓋面澆上少許玫瑰露酒,香氣四散,趁熱品嘗。圖4

保哥秘訣

- 由於洋蔥含水量多，切記不要放入洋蔥爆香，以免放入雞後水分太多。
- 沙薑與麻油最匹配，以麻油起鍋令沙薑雞的味道最天衣無縫。
- 加蓋焗雞期間，緊記不要隨便打開鍋蓋，需要保存熱度烹調。

國際象棋豆腐

材料

黑芝麻豆腐 1 件
日本絹豆腐 1 件
粟米 2 支（中型）

調味料

鹽少許
生粉水適量

◇ **做法**

1. 粟米洗淨，切出粟米粒，放入攪拌機，加少許水攪打成粟米汁，隔渣備用。
2. 黑芝麻豆腐及絹豆腐切成小方粒狀，相間排列於碟上，灑入少許鹽，隔水蒸 5 分鐘。圖 1-2
3. 粟米汁放入鍋內煮熱，灑少許鹽拌勻，以生粉水埋芡，澆於豆腐粒，裝飾即可。

保哥秘訣

豆腐粒放入鑊蒸前，才灑入鹽調味，太早加鹽讓豆腐容易變硬。

羊肚菌醸雅南

材料

乾羊肚菌 38 克

雜菌料

鮮冬菇 3 朵
白蘑菇 5 粒
本菇 20 克
雞髀菇 1 個
馬蹄 3 顆
甘筍 20 克
薑米 2 茶匙

調味料

香菇粉 1 茶匙
素蠔油 2 茶匙
老抽 1/2 茶匙
鹽及糖各少許
生粉水 1 湯匙

做法

1. 羊肚菌用水浸 1 小時，放入滾水焓軟，壓乾水分，備用。
2. 雜菌料分別切成幼粒，放入已燒熱油的鑊內炒拌，加入調味料拌勻，以生粉水埋芡，盛起待涼，放入擠袋。圖 1
3. 羊肚菌內部塗抹生粉，擠入雜菌料，隔水蒸約 5 分鐘。圖 2-3
4. 將餘下的雜菌料鋪碟內，插上羊肚菌，裝飾上桌享用。

保哥秘訣

- 挑選體型較大的羊肚菌，可釀入足夠的雜菌料。
- 雜菌料毋須先行處理，直接放入鑊內生炒，以免菇菌味流失。

竹笙玉簪

材料

露筍 8 條
竹笙 8 件
鹽及糖各少許

素上湯 材料

椰菜 1/4 個
蘿蔔 1 個（約 500 克，切片）
紅蘿蔔 1 個（約 300 克，切片）
大豆芽 150 克（白鑊炒香）
乾草菇 10 粒
日本海帶 1 塊（約 50 克，切片）
薑 4 片

素上湯 芡汁

素上湯 120 毫升
香菇粉 1 茶匙
鹽少許
生粉水 1 湯匙

自煮人生──素菜篇

做法

1. 竹笙用水浸 2 小時至軟身，放入滾水焓兩次，每次 3 分鐘，沖水，瀝乾水分，剪去頭末兩端，備用。
2. 露筍洗淨，削去硬皮部分。燒滾水，灑入鹽及糖各少許，下露筍焓軟，沖水備用。
3. 素上湯材料放入鍋內，加水 2 公升，以中火煲至餘下 500 毫升，備用。
4. 將露筍套入竹笙內，排於碟上，隔水蒸 3 分鐘。
5. 煮熱素上湯芡汁，澆於竹笙露筍卷，趁熱品嘗。

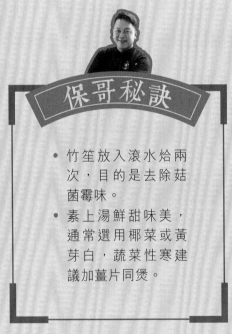

保哥秘訣

- 竹笙放入滾水焓兩次，目的是去除菇菌霉味。
- 素上湯鮮甜味美，通常選用椰菜或黃芽白，蔬菜性寒建議加薑片同煲。

鼎湖上素

材料

黃耳 120 克（浸發計）
雲耳 30 克（浸發計）
牛肝菌 40 克（浸發計）
榆耳 40 克（浸發計）
雪耳 40 克（浸發計）
黑松茸 8 個
鮮冬菇 4 朵（切半）
白蘑菇 5 粒（切片）
草菇 6 粒（切半）
馬蹄 4 顆（切粒）
銀杏 20 粒
小棠菜 5 棵
紅蘿蔔片少許
薑米 2 茶匙

調味料

香菇粉 1 茶匙
素蠔油 2 湯匙
素上湯 100 毫升（做法參考 p.113）
老抽 1 茶匙
生粉水 1 湯匙

做法

1. 燒滾水，灑入鹽，放入全部菇菌飛水，瀝乾備用。
2. 燒熱少許油，下薑蓉爆香，放入全部菇菌及調味料炒勻，最後以生粉水埋芡，上碟，以小棠菜及紅蘿蔔片裝飾享用。

- 菇菌帶有菌類霉味，建議徹底飛水。
- 素上湯是靈魂所在，用心煮一鍋靚上湯，變出不一樣的素菜。

成長與奮鬥

越南菜篇·五味人生篇

「我的人生，都是苦的。」保哥淡淡然説。
沒有經歷刻苦的試煉，怎能迎難而上，成就一番事業？保哥經過艱苦、努力及蜕變，在人生每個階段活出自我。今天的他，是甜的。

越南蔗蝦

材料

蝦肉 300 克
竹蔗 1/4 段
雞蛋白少許
蟹子 2 湯匙

醃料

鹽及生粉
各少許

做法

1. 蝦肉印乾水分，用刀拍散蝦肉，放入鹽、生粉及蟹子拌勻，攪撻成蝦膠狀。圖 1-2
2. 竹蔗洗擦乾淨，破開成小段，頂端部分包入蝦膠。圖 3
3. 燒熱油至 180℃，放入蔗蝦以中火炸約 8 分鐘，見轉成金黃色，盛起，瀝乾後上碟。

保哥秘訣

炸油要保持 180℃，溫度不能太高，否則蔗蝦容易炸至焦燶。

越式炸軟殼蟹

材料

軟殼蟹 6 隻
香茅 6 支
生粉適量
泰式甜酸醬適量

脆漿料

脆漿粉 220 克
雞蛋 1/2 隻
生油 100 毫升
清水 140 毫升

做法

1. 香茅用刀拍爛莖部，切碎，備用。
2. 麵粉篩勻，放入油、雞蛋、水、鹽及香茅碎拌成幼滑的脆漿。
3. 軟殼蟹去鰓，洗淨，抹乾水分，均勻地灑上生粉，蘸上脆漿。
4. 軟殼蟹放入熱油內炸至金黃色，盛起，再下油鑊翻炸一遍，瀝乾油分，蘸甜酸醬伴吃。圖 1

保哥秘訣

這是我自創的菜式，將香茅切碎加入脆漿內，軟殼蟹除了滲有清香的香茅味，吃入口也仿似一絲絲蟹肉的口感。

越南

生熟牛肉湯河粉

湯底
材料

牛骨 3 公斤
洋蔥 2 個
白蘿蔔 1 個（原條）
甘筍 1 條
西芹 200 克
京蔥 1 棵
南薑 50 克
薑 1 塊（約 100 克）
乾蔥 10 粒
芫荽 4 棵（連根）
香葉 10 片
花椒 12 粒
八角 2 粒
草果 1/2 個
甘草 5 片
桂皮 1 塊
丁香 3 粒

材料

牛肉片 50 克
幼河粉 200 克
洋蔥 1/5 個（切圈）
短身芽菜 50 克
紅辣椒 1 隻（切圈）
青檸 1 個

湯底做法

1. 洋蔥、甘筍及西芹洗淨，去皮，切塊；京蔥切段。
2. 牛骨及蔬菜料放入焗爐烘 30 分鐘，焗至散發牛肉精華，取出備用。
3. 燒滾一鍋水，放入湯底材料以大火煮滾，再調至中小火煲 3 小時，隔渣取清湯備用（原條蘿蔔保留，切塊放碗內）。

做法

1. 燒熱水，放入河粉燙熟，盛於碗內。
2. 煮熱牛肉清湯，以魚露調味。
3. 碗內鋪上牛肉片、洋蔥圈、蘿蔔塊、芽菜及紅辣椒，倒入牛肉清湯，加入青檸塊，趁熱享用。

保哥秘訣

- 緊記牛骨不要沖洗或飛水，能保留牛肉精華，焗香後帶牛肉焦香，長時間熬煮後令牛肉湯更惹味。
- 熬煮牛骨湯材料雖然繁多，但能夠品嘗一碗正宗惹味的牛肉湯河，還是十分值得！

成長與奮鬥 —— 越南菜篇

越南
酸辣海鮮湯

越南芫荽

湯底
材料

大頭蝦殼（取自大頭蝦 600 克）
新鮮菠蘿 200 克（切塊）
越南芫荽頭 3 棵
白胡椒粒少許

材料

大頭蝦 600 克
花蛤 600 克
魷魚 1 隻（切圈）
乾蔥 3 粒（切片）
蒜頭 6 粒（切片）
香茅 2 支（切段）
指天椒 7 隻（切圈）
短身芽菜 300 克
越南芫荽 1 棵
青檸 1 個（切角）

調味料

羅望子 150 克
魚露 6 湯匙

湯底做法

1. 燒熱油，放入大頭蝦殼以大火爆香，灒熱水煮滾。圖 1
2. 壓出蝦膏，放入菠蘿塊、白胡椒粒、芫荽頭煮 30 分鐘，隔渣，取蝦湯備用。圖 2

做法

1. 燒熱油，放入大頭蝦肉以大火炒香，鎖緊蝦汁，盛起。
2. 燒熱油，爆香乾葱片、蒜片、紅椒圈及香茅，加入花蛤炒香，灒入蝦湯，煮滾。圖 3
3. 羅望子用蝦湯調溶，放入步驟 2 內，加上芽菜、魷魚及蝦煮熟，以魚露調味，盛於碗內，最後放上越南芫荽及青檸塊享用。圖 4

保哥秘訣

- 煲煮蝦湯時不要加蓋子，因蝦頭油浮於湯面，加蓋後有機會令蝦頭油溢瀉，浪費蝦頭油的香味。
- 可將湯底材料放入攪拌機打爛，讓蝦膏及蝦油徹底釋出，蝦湯更綿滑好味。
- 魷魚不要滾煮太久，肉質會變韌。

蒜蓉牛油雞翼

材料

無激素雞中翼 8 隻
蒜蓉 2-3 湯匙
香茅 10 克
雞蛋 1/2 隻
魚露 1 茶匙
牛油 20 克

醃料

薑 3 片
蒜肉 3 粒
南薑 5 克
香茅 10 克
魚露 2 湯匙
糖、鹽及生粉各少許

保哥秘訣

- 南薑與香茅最匹配，能提升香茅的味道。
- 放入糖醃雞翼，能中和魚露鹹味之餘，炸雞翼時能加快上色。
- 牛油蒜蓉以魚露調味，令香料更加惹味。

1

2

做法

1. 南薑切片；香茅輕拍根部，切碎。
2. 雞翼沖淨，抹乾水分，與醃料拌勻醃一會。圖1
3. 燒熱油，放入雞翼（連香料）炸至金黃色，瀝乾油分。圖2
4. 燒熱牛油，下蒜蓉及香茅碎炒香，拌勻至金黃色，灑入魚露1茶匙，加入雞翼快手以小火炒勻，上碟。圖3-4

成長與奮鬥──越南菜篇

越南

脆香春卷

肉碎 300 克
木耳 60 克（浸軟，切碎）
蝦米 50 克（浸軟，切碎）
甘筍 80 克（切碎）
粉絲 1 小包（浸軟，切碎）
越式米紙 20 張
蒜蓉、葱花及乾葱碎各 20 克
泰式甜酸醬適量

調味料

魚露 3 湯匙
鹽 1 茶匙
胡椒粉少許
生粉水 2 湯匙

成長與奮鬥 —— 越南菜篇

做法

1. 肉碎用油炒熟，盛起備用。
2. 燒熱油，放入蒜蓉及乾葱碎爆香，下蝦米碎、木耳碎、粉絲及肉碎拌勻，再加入甘筍粒輕拌，熄火，加入調味料及生粉水埋芡，餡料待涼。圖 1
3. 米紙用水輕濕或用濕毛巾輕抹至軟，鋪入餡料包裹。圖 2-3
4. 燒熱油，放入春卷用大火炸至金黃色，盛起，再翻炸一次，瀝乾油分，上碟享用。

保哥秘訣

- 越南菜多用蒜頭及乾葱等料頭,而且加入魚露調味能帶來豐富的越式風味。

- 甘筍粒最後加入炒香,以免太腍太熟。
- 餡料用生粉水埋芡,有助餡料包裹時不容易散開。
- 這款餡料也可製成越式蒸粉卷。

在中華廚藝學院學廚時用「太空爐」炮製叉燒排骨；但普遍家中只有焗爐，經我多次反覆嘗試改良、調整焗爐的溫度，我的濃邊、醬香、肉滑的招牌叉燒排骨終於出爐。

家庭版 焗爐叉燒排骨

材料

豬肋排 1 排（約 600 克）
糖膠 6 湯匙

醃汁

叉燒醬 1/2 瓶
葱 1 棵（略拍）
芫荽 2 棵（略拍）
蒜頭 2 粒
薑米 1 湯匙
乾葱 1 粒（切碎）
玫瑰露酒 1 茶匙
糖 40 克
鹽 1/3 茶匙

做法

1. 豬肋排撕去薄膜（或用燒臘用掛鈎勾出亦可）。
2. 醃汁料拌勻，放入豬肋排於室溫醃 45 分鐘。圖 1-2
3. 預熱焗爐 230℃，放入豬肋排每邊焗約 20 分鐘。最後掃上糖膠，放回焗爐待 5 分鐘，趁熱品嘗。圖 3-4

保哥秘訣

- 撕去豬肋排的薄膜，令醃汁容易滲入肉質。

- 糖分令肉質變硬，所以切勿將豬肋排醃一晚。不過糖分受熱後令肉焦糖化，香氣四溢。
- 豬肋排出爐後，不要立即塗上糖膠，否則令糖膠太易溶掉。

桂花蜜餞乳鴿

「油封乳鴿」是我在 2022 年修讀 Disciples Escoffier 法國專業烹飪高級文憑課程的其中一道菜式，後來演變成我的「桂花蜜餞乳鴿」。

材料

頂鴿 2 隻（約 450 克）
桂花蜜 2 湯匙
紹酒 2 湯匙
生粉少許

醃料

鹽及黑椒碎各少許

做法

1. 頂鴿洗淨，去內臟，保留鴿腿及胸肉，斬件，下醃料拌勻，灑上薄薄生粉，抹勻。圖 1

2. 燒熱油，下鴿腿及胸肉以大火煎至金黃色，灑入紹酒，加蓋焗一會，盛起。圖 2

3. 桂花蜜放入鑊內煮至起泡，下鴿腿及胸肉炒勻至糖濃稠，上碟享用。圖 3

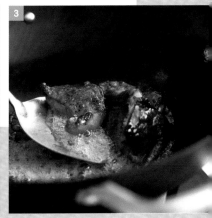

保哥秘訣

煎鴿肉時灑入紹酒，加蓋焗一會能讓鴿肉吸收酒味，香氣更濃。

成長與奮鬥——五味人生篇・甜

我是客家人，酸菜魚是回鄉探親時所學。這道菜最大
特色是用上偏酸偏鹹的客家鹹酸菜，煮出來的湯頭十
分醒胃可口，別有一番風味。

魚湯材料

鯪魚 2 條（每條約 530 克）
薑 4 片
白胡椒粒 1 湯匙

材料

龍躉肉 200 克（桂花魚片
或生魚片）

醃料

雞蛋白 1/3 隻
生粉 1 茶匙
鹽 1/3 茶匙
油少許

配料

豆泡 5 個（飛水）
客家鹹酸菜（略洗）
野山椒 8 隻（切粒）
酸豆角 3 條（切粒）
指天椒 2 隻
大豆芽 150 克
寬粉 300 克（濕計）
薑片 20 克
葱段 20 克
芫荽 2 棵
蒜肉 3 瓣（切片）

調味料

魚露 2 湯匙
檸檬汁 2 湯匙

魚湯做法

1. 鯪魚去內臟，洗淨，抹乾，在魚身剐十字紋。圖 1

2. 燒紅鑊，放入薑片及鯪魚煎香，倒入滾水 3 公升煮滾，下白胡椒粒煲半小時，隔渣備用，餘下魚湯約 1 公升。圖 2

1. 龍躉肉去掉魚腺位置魚鱗，沖淨，切片（尾部位可切雙飛狀）。魚肉用生粉及鹽拌至起膠，逐少加入蛋白拌勻，最後下油略拌。圖 3
2. 野山椒加水用攪拌機打爛。
3. 燒紅鑊，放入大豆芽爆炒，灒酒去掉豆腥味，灑入鹽拌勻，上碟。
4. 白鑊放入鹹酸菜及酸豆角，炒至略焦香，倒入油略炒，盛起。
5. 燒熱油，下薑片、紅椒、蒜片、鹹酸菜及酸豆角，灒入魚湯煮至滾，加入豆泡、大豆芽及寬粉略煮，下野山椒水及調味料拌勻，湯料盛於碗內。圖 4-5
6. 煮滾魚湯，下龍躉片，轉小火浸 1 分鐘，盛起，加上芫茜及葱段即成。圖 6

成長與奮鬥 —— 五味人生篇・酸

保哥秘訣

- 龍躉肉選背部以下位置，肉質較厚。
- 在鯪魚身剝十字紋，魚能緊貼鑊而煎香。

- 用蛋白醃魚，魚肉顏色潔白；下生粉則令口感滑嫩。
- 客家鹹酸菜味偏酸，略沖水即可，而且滾煮時間不要太久，以免沖掉酸味。
- 加入野山椒，讓整道餸帶香、酸、辣味覺體會。

意大利黑醋腩片

年少時在船民營生活，幾乎每餐都
提供半肥瘦豬肉，於是我用砂糖及
白醋創作「甜酸肉片」。後來生活環
境改善了，我改用五花腩及意大利
黑醋烹調。

材料

豬腩片 160 克
新鮮菠蘿 40 克（切塊）
洋蔥 1/4 個（切塊）
蔥段 2 湯匙
生粉適量

醃料

雞蛋 1/4 隻
生粉 1 茶匙
鹽 1/4 茶匙
糖 1/5 茶匙

調味料

意大利黑醋 80 克
糖 160 克
鹽 1/5 茶匙
生粉水適量

做法

1. 豬腩片解凍，加入醃料拌勻，備用。
2. 豬腩片蘸上生粉（去掉多餘生粉），放入熱油以大火炸至微黃色，盛起，再下油翻炸至金黃色及乾身，瀝乾油分。圖 1-3
3. 燒熱少許油，放入調味料煮熱，下脆腩片拌勻，上碟。圖 4
4. 燒熱少許油，下洋蔥片、蔥段及菠蘿略炒，放於碟上，趁熱享用。

保哥秘訣

- 要好好掌握糖及醋的比例，醋與糖的比例是 1 比 2。
- 選用豬腩片，炸後肉汁豐腴，肉質不會太乾。

在中學時代，家政老師曾教我「菜心炒牛肉」，後來為了增加菜譜的
特色，我用芥菜代替菜心，爽口的芥菜和回甘味，令人回味無窮！

芥菜炒牛柳

材料

芥菜 1 棵
牛柳 200 克
乾葱 1 粒（剁碎）
蒜肉 2 粒（剁碎）
紅、黃甜椒各 1/4 個
紹酒 3 湯匙

芡汁

蠔油 1 湯匙
糖 1 茶匙
生粉 1 湯匙（用水拌勻）

1. 芥菜洗淨，取莖切塊炒吃，保留菜葉煲湯用。
2. 燒熱油，放入芥菜爆炒，灒紹酒拌炒，瀝乾水分備用。
3. 燒熱油，下乾葱蓉及蒜蓉炒香，放入甜椒及牛柳拌勻，芥菜回鑊，最後加入芡汁埋芡即成。圖 1-2

保哥秘訣

- 以大火生炒芥菜莖，能保留芥菜味道，緊記不要將芥菜先灼後炒。
- 如不想吃芥菜的苦味，可先灑少許鹽略拌芥菜，以釋出水分去掉苦味。

成長與奮鬥——五味人生篇・苦

記得拍拖時，第一次到太太家下廚，時值夏天，我準備「冰鎮苦瓜」前菜，那天才發現太太原來不喜苦瓜，幾經辛苦才成功請她吃第一口，最後她竟然整碟苦瓜吃清光。我問她為何那麼賞面，她說：口感爽脆、甘而不苦！

冰鎮苦瓜

苦瓜 1 個（大釘品種）
黃色車厘茄 1 粒（切角）
指天椒 2 隻
炒香白芝麻適量

調味料

糖 2 湯匙
麻油 2 湯匙
鹽 1 湯匙

做法

1. 苦瓜洗淨，切薄片，灑入鹽醃一會，浸入冰水待 1 小時，用乾淨布吸乾水分。
2. 苦瓜片放於大碗內，加入糖、麻油及指天椒拌勻，以車厘茄裝飾，最後灑上白芝麻，做成冷盤品嘗，透心涼！

保哥秘訣

苦瓜切成薄片，浸冰水後令瓜肉爽脆，而且有效去除苦味；也可用刨片器切割，令瓜片外形一致。

「辣子炒雞丁」是四川家傳戶曉的傳統菜式，為了突出其鮮味和口感，我將雞丁改為蝦仁，爽辣滋味在心頭。

辣子炒蝦仁

材料

蝦仁 300 克
乾辣椒（二荊條）40 克
腰果 80 克
蒜肉 2 粒（切片）
葱 1 條（切段）
薑 4 片

醃料

鹽 1/3 茶匙
糖 1/5 茶匙
生粉 1 茶匙
油少許

調味料

豆瓣醬 1 茶匙
糖 1/2 茶匙
鎮江醋 1 茶匙

做法

1. 蝦仁沖淨，吸乾水分，下醃料拌勻醃一會。
2. 燒熱油，放入蝦仁煎至 5 成熟，盛起。
3. 燒熱油，下蒜片、薑片及乾辣椒爆香，加入豆瓣醬、糖及葱段拌勻，蝦仁回鑊，最後灑入鎮江醋拌炒，放入腰果即成。圖 1-2

保哥秘訣

- 二荊條辣椒辣味輕、香氣足，色澤紅潤，是製作此菜式不二之選。
- 建議蝦仁以煎的方式炮製，火候容易控制得到。

辣肉腸生菜包

我曾被邀請到盧森堡表演菜式，其中一道表演菜是「乳鴿鬆生菜包」，可惜因貨源而沒有乳鴿，於是我轉用當地隨處可見的辣肉腸，意想不到它的微辣和煙燻味，不但令菜式惹味，更令人食慾大增。

材料

西生菜 5 塊
巴馬臣芝士碎 40 克

調味料

蠔油 1 茶匙
糖 1 茶匙

餡料

辣肉腸 100 克
白色本菇 40 克
啡色本菇 40 克
蘆筍 60 克
洋蔥 40 克
蒜肉 6 粒
乾蔥 3 粒

做法

1. 餡料材料全部切成半厘米粒狀，
   備用。
2. 燒熱油，下蒜片、乾蔥及洋蔥炒
   香（不要炒至金黃色），加入辣肉
   腸及其他材料炒勻，最後放入蘆
   筍粒拌抄。圖 1
3. 放入調味料拌勻，試味，灑上芝
   士碎，以西生菜伴吃。

保哥秘訣

- 所有餡料大小勻稱,賣相及進食時俱佳,就考驗你的刀工了!
- 炒辣肉腸時釋出油分,令菜式帶油潤香味。

馬拉盞
肉碎炒花生苗

為了尋找特別的食材拍攝飲食節目，我在街市菜檔遇上花生苗，於是
加上肉碎和馬拉盞，令花生苗鹹鮮爽口，果然一拍即合。

材料

花生苗 600 克
肉碎 80 克
蝦米 40 克（切碎）
蒜蓉 2 湯匙
紅椒絲 2 茶匙
生粉水適量

飛水料

油 2 湯匙
鹽 1 湯匙
糖 1 湯匙
紹酒 2 湯匙

調味料

馬拉盞 3 茶匙
紹酒 1 湯匙
糖 2 茶匙

做法

1. 花生苗沖淨，放入熱水內，加入油、鹽、糖及紹酒灼約 2 分鐘，去掉豆青味，瀝乾水分。
2. 燒熱油，炒香蒜蓉起鑊，加入肉碎炒至香味散發，下蝦米碎、馬拉盞、紅椒絲及花生苗炒勻，灒酒。圖 1
3. 最後灑入糖調味，以生粉水埋芡，上碟。

成長與奮鬥——五味人生篇 ‧ 鹹

保哥秘訣

- 花生苗有豆青味，先灼水去掉，才伴馬拉盞炒
  吃，非常惹味。

- 建議選購五花腩絞成肉碎，油香滿分，配馬拉盞
  能提升食味。

鹹魚雞粒炒洋薏米

「鹹魚雞粒炒飯」一般用粘米；但為了增加口感和配合現代健康的飲食文化，我改用洋薏米，它既煙韌且含纖維及礦物質。正餵哺母乳的媽媽則不宜進食洋薏米，影響乳汁分泌。

材料

洋薏米 150 克
雞粒 80 克
馬友梅香鹹魚 30 克（切粒）
雞蛋 3 隻（拂勻）
薑米 20 克
西生菜片 60 克
蔥 4 棵（切粒）

調味料

鹽及生抽各少許

1

做法

1. 洋薏米沖淨，加水放入電飯煲煮熟（洋薏米及水比例 1:2），盛起待涼。

2. 燒熱油，放入雞粒煎至焦香，移至鑊邊，加入鹹魚粒炒勻，連油盛起備用。圖1

3. 熱鑊下冷油，加入蛋液以小火推散，待凝固後調大火炒散成幼絲狀，盛起。圖2

4. 留少許蛋碎，下洋薏米、薑米、雞粒、鹹魚、西生菜片及蛋絲，調味後炒勻，最後灑上蔥花即成。圖3

2

保哥秘訣

- 洋薏米屬低升糖指數的碳水化合物,能保持血糖水平穩定。
- 鹹魚先與雞粒拌炒,令雞肉滲有鹹魚香氣。

3

著者
黃亞保

責任編輯
簡詠怡

攝影
梁細權

裝幀設計及排版
鍾啟善

出版者
萬里機構出版有限公司
香港北角英皇道 499 號北角工業大廈 20 樓
電話：2564 7511　　傳真：2565 5539
電郵：info@wanlibk.com
網址：http://www.wanlibk.com
　　　http://www.facebook.com/wanlibk

發行者
香港聯合書刊物流有限公司
香港荃灣德士古道 220-248 號荃灣工業中心 16 樓
電話：2150 2100　　傳真：2407 3062
電郵：info@suplogistics.com.hk
網址：http://www.suplogistics.com.hk

承印者
寶華數碼印刷有限公司
香港柴灣吉勝街 45 號勝景工業大廈 4 樓 A 室

出版日期
二〇二三年七月第一次印刷

規格
16 開（240mm X 170mm）

＊鳴謝場地提供：
煤氣烹飪中心